NOUVELLES RECHERCHES

SUR LA

PHOSPHORESCENCE DE LA VIANDE

PAR

Raphaël DUBOIS,

Professeur de physiologie générale et comparée à la Faculté des sciences de Lyon

LYON

IMPRIMERIE SCHNEIDER FRÈRES
Quai de l'Hôpital, 12

1891

NOUVELLES RECHERCHES

SUR LA

PHOSPHORESCENCE DE LA VIANDE

La phosphorescence de la viande de boucherie a été attribuée à des microorganismes, par les divers auteurs qui ont écrit sur ce sujet dans ces dernières années ; toutefois, aucun d'eux n'a pu obtenir de cultures pures, et c'est sans doute ce qui permet d'expliquer les divergences d'opinion qui ont persisté jusqu'à ce jour à propos de la nature de l'agent photogène (1).

D'autre part, l'apparition spontanée de la phosphorescence de la viande n'a, à notre connaissance, été signalée que chez le porc, le cheval et le mouton, et nous n'avons rencontré jusqu'à ce jour aucune observation de phosphorescence de la chair du lapin domestique.

C'est grâce à l'extrême obligeance de M. Leclerc, le savant inspecteur d'hygiène de la ville de Lyon, que nous avons pu étudier pour la première fois un cas de ce genre.

Il s'agit d'un lapin qui avait été acheté mort et dépouillé au marché de la ville. La propriétaire de cette viande s'étant aperçue dans la soirée que le corps de l'animal émettait des lueurs dans l'obscurité, l'apporta le lendemain au bureau d'hygiène municipale, qui le fit parvenir le même jour au labo-

---

(1) On trouvera l'historique de la question dans le travail que nous avons publié en trois articles parus en 1889 dans *l'Echo des Sociétés et Associations vétérinaires.*

ratoire de physiologie de la Faculté des sciences, le 24 février 1891.

La phosphorescence était surtout manifeste sur le râble et à la face interne et externe des cuisses ainsi que sur divers autres points du corps, où elle était cependant moins marquée. Dans les points les plus lumineux, il n'y avait au papier tournesol ni réaction acide, ni réaction alcaline appréciable. La viande ne présentait aucune odeur particulière et ce n'est que trois ou quatre jours plus tard, lorsque la putréfaction commença à se développer, que les lueurs disparurent.

Le 25 février, on inocula avec la matière lumineuse plusieurs tubes de gélatine-viande-peptone alcaline, neutre et acide et contenant 3 °/₀ de sel marin. Au bout de 24 heures, tous ces tubes brillèrent fortement, mais la gélatine-peptone s'étant liquéfiée rapidement dans ces trois sortes de tubes (plus vite toutefois dans les tubes alcalins que dans les tubes neutres ou acides), toute phosphorescence cessa de se manifester vers le troisième jour. La température du milieu ambiant était voisine de 12° centigrades.

Avant l'extinction complète, l'examen microscopique de la partie liquéfiée nous a montré que les cultures renfermaient plusieurs variétés distinctes de microorganismes. Les uns avaient la forme de virgules ; les autres, courts, droits et renflés à leurs extrémités, présentaient le type des bactéries, d'autres enfin se montraient sous l'aspect de microcoques ou de diplocoques. Tous étaient remarquables par leur extrême petitesse, leur taille, suivant le plus grand diamètre, ne dépassant pas 1 μ à 1 μ 1/2. Quelques-uns se déplaçaient avec rapidité, principalement les bactéries, tandis que les autres étaient immobiles.

Ces microorganismes convenablement ensemencés dans des tubes d'Esmarck ont donné naissance à quatre sortes de colonies distinctes.

Ces quatre sortes de colonies se développent en taches arrondies, mais elles se distinguent facilement par leur coloration. Nous les désignerons sous les noms de variétés *a*, *b*, *c* et *d*.

La variété *a* est représentée par des colonies blanc jaunâtre sale, glaireuses, ne creusant pas la gélatine et s'élevant au contraire au-dessus de sa surface. Elles sont exclusivement formées de microcoques ou de bactéries très courtes, non mobiles. Ces colonies ne sont pas lumineuses.

La variété *b* est formée de colonies présentant sous certaines incidences une belle lueur verdâtre, due à un principe fluorescent, qui disparaît dans les cultures pures au bout de trois ou quatre jours. Ces colonies sont formées par des microorganismes qui présentent la forme de microcoques, de diplocoques et même de courtes bactéries, réunies parfois en chaînettes de cinq à six individus. Ces microorganismes ne sont ni mobiles ni lumineux : ils ne fluidifient pas la gélatine.

La variété *c* est formée des colonies de couleur blanc jaunâtre, mais qui, au lieu de faire saillie à la surface de la gélatine, la creusent profondément et rapidement. La partie liquéfiée présente, même dans les bouillons primitivement acides, une forte réaction alcaline. On y rencontre des bactéries mobiles, renflées en massues à leurs deux extrémités, étranglées vers leur milieu. Elles ressemblent beaucoup à celles qui forment les colonies de la variété *d*, dont elles semblent n'être, comme les deux variétés précédentes d'ailleurs, qu'une variété morphologique non lumineuse.

Les colonies de la variété *d* sont transparentes, incolores au début de leur formation, ne fluidifient pas la gélatine, à la surface de laquelle elles forment des mamelons arrondis. Elles émettent une *belle lumière verte*. Ces colonies sont formées par des bactéries *non mobiles* présentant la forme générale propre au genre *photobactérium*; mais elles se distinguent des espèces que j'ai pu observer par leur extrême petitesse.

Elles s'en distinguent également par une propriété que je n'ai rencontrée chez aucune autre espèce lumineuse, à savoir qu'elles conservent leur pouvoir photogène dans le bouillon de viande-gélatine-peptone non neutralisé, c'est-à-dire acide.

J'ai le premier démontré que l'on pouvait à volonté éteindre les photobactéries en les transportant d'un milieu neutre ou alcalin dans un bouillon légèrement acide, et inversement les rallumer en les faisant passer d'un milieu acide dans un milieu alcalin ou neutre. J'ai été tout d'abord d'autant plus surpris de voir la lumière se produire dans un bouillon acide que j'ai établi expérimentalement la généralité de la loi qui veut que la lumière ne se produise, aussi bien chez les animaux que chez les végétaux, que dans un milieu humide, oxygéné et *alcalin*.

En examinant attentivement ce qui se passait dans les tubes acides, j'ai pu facilement me convaincre que ces nouveaux microorganismes obéissaient bien à la loi générale, mais par un artifice particulier.

Ils possèdent, en effet, la propriété de sécréter une substance alcaline, qui leur permet de neutraliser l'acidité du milieu ambiant, de telle sorte que le point où s'est développée la colonie lumineuse colore en bleu le tournesol rougi, tandis que le bouillon qui n'a pas été attaqué, rougit le tournesol bleu.

Ce fait est important, c'est un argument puissant en faveur de l'opinion que j'ai soutenue, à savoir que la lumière se produisait plutôt par la réaction des produits de sécrétion des microorganismes que dans le sein même du protoplasma.

Si les autres photobactéries ne brillent pas en milieu légèrement acide, ce n'est pas parce que leur nutrition est profondément entravée, car certaines d'entre elles s'y développent très bien, mais seulement parce qu'elles ne sécrètent pas ou sécrètent en quantité insuffisante la substance qui doit rendre le milieu alcalin.

Dans ce dernier cas, elles peuvent briller en milieu neutre, mais sont impuissantes à lutter contre un milieu acide.

Par l'ensemble de leurs caractères morphologiques et physiologiques, ces photobactéries de la viande de lapin méritent d'être distinguées de celles qui ont été décrites antérieurement et bien qu'il ne soit pas impossible que tous les microorganismes lumineux connus soient des variétés d'une seule et même espèce, nous croyons cependant, en raison des caractères particuliers et de l'origine de celui qui nous occupe, être autorisé à le désigner sous le nom de *photobactérium sarcophilum*.

Nous n'avons pas réussi jusqu'à présent à le cultiver sur tissus végétaux (bois, tubercules de pommes de terre), mais il se développe bien sur la chair cuite ou crue des poissons, ce qui permet de supposer qu'il est d'origine marine. Inoculé à la viande fraîche de porc, de veau, de mouton et de cheval, ce photobactérium donne lieu à des cultures lumineuses après une période d'incubation de 24 à 48 heures. Le développement des colonies s'est montré peu actif et tardif sur la viande du cheval et sur celle du bœuf. Sur cette dernière, le point inoculé ne s'est étendu qu'au bout de huit jours à la température de 12° centigrades et le développement a été très restreint.

Sur toutes ces viandes l'envahissement et l'énergie lumineuse ont été activées par l'inoculation simultanée du *photobactérium sarcophilum* et du microorganisme mobile fluidifiant de la variété *c* qui l'accompagnait sur notre lapin lumineux. Vraisemblablement ce dernier sert d'auxiliaire en entraînant le microorganisme lumineux, en sécrétant en abondance la substance alcalinisante; et en fluidifiant, peut-être même en peptonisant le protoplasma des éléments anatomiques de la viande.

La viande du lapin est rapidement contaminée et brille fortement après inoculation du *photobactérium sarcophilum* au bout de vingt-quatre heures.

Deux lapins vivants auxquels on a inoculé les cultures des microorganismes de la variété *c* et de la variété *d* dans le tissu cellulaire sous-cutané depuis huit jours, sont à l'heure actuelle bien portants. Nous nous proposons de rechercher s'ils deviendront spontanément lumineux après avoir été sacrifiés.

Il ne semble pas que ces microorganismes soient dangereux pour les animaux vivants et leur présence ne paraît pas être un indice que la viande contaminée appartient plutôt à des animaux malades qu'à des animaux sains.

Un grand nombre de cultures *impures* se sont montrées stériles ou se sont éteintes rapidement dans le laboratoire, dont la température était seulement de quelques degrés plus élevée que dans le sous-sol où nous faisions la plupart de nos expériences ; c'est peut-être ce qui permet de s'expliquer pourquoi les viandes lumineuses ont été toujours observées aux environs de Pâques.

En culture pure, c'est au voisinage de $12°$ centigrades que le *photobactérium sarcophilum* brille et se développe le mieux : mais il peut également supporter une température de $20°$ sans s'éteindre, aussi bien dans les bouillons alcalins (à la condition que la chaleur ne les liquéfie pas) que dans les bouillons neutres ou acides.

Le *photobactérium sarcophilum* se développe bien dans les tubes de gélatine peptone (eau, gélatine, peptone et sel). La proportion de sel la plus favorable varie avec la réaction du bouillon. Les bouillons neutres et acides à 3 °/₀ de sel donnent les meilleures cultures, tandis que pour les bouillons alcalins la proportion de 1 °/₀ est préférable.

L'addition d'une petite quantité de glycérine 1 °/₀ augmente l'intensité lumineuse; mais, ainsi que je l'ai indiqué dans le travail publié en 1889 dans ce journal, les peptones jouent le rôle principal. Cette conclusion vient d'être vérifiée par les recherches d'un savant hollandais, M. Beyerinck (1).

Toutefois, les peptones du commerce sont des produits complexes, et nous nous proposons de rechercher quels sont les principes qui, dans les peptones employées communément dans la préparation du bouillon de gélatine-peptone, jouent le rôle le plus important pour l'exercice de la fonction photogénique.

Nous ferons connaître dans un prochain article le résultat des expériences que nous avons entreprises dans le but d'élucider ce point important.

Raphaël DUBOIS,
Professeur de physiologie générale et comparée
à la Faculté des sciences de Lyon.

---

(1) *Arch. néerl.*, T. XXIV, 1891.

LYON. — IMP. SCHNEIDER FRÈRES.

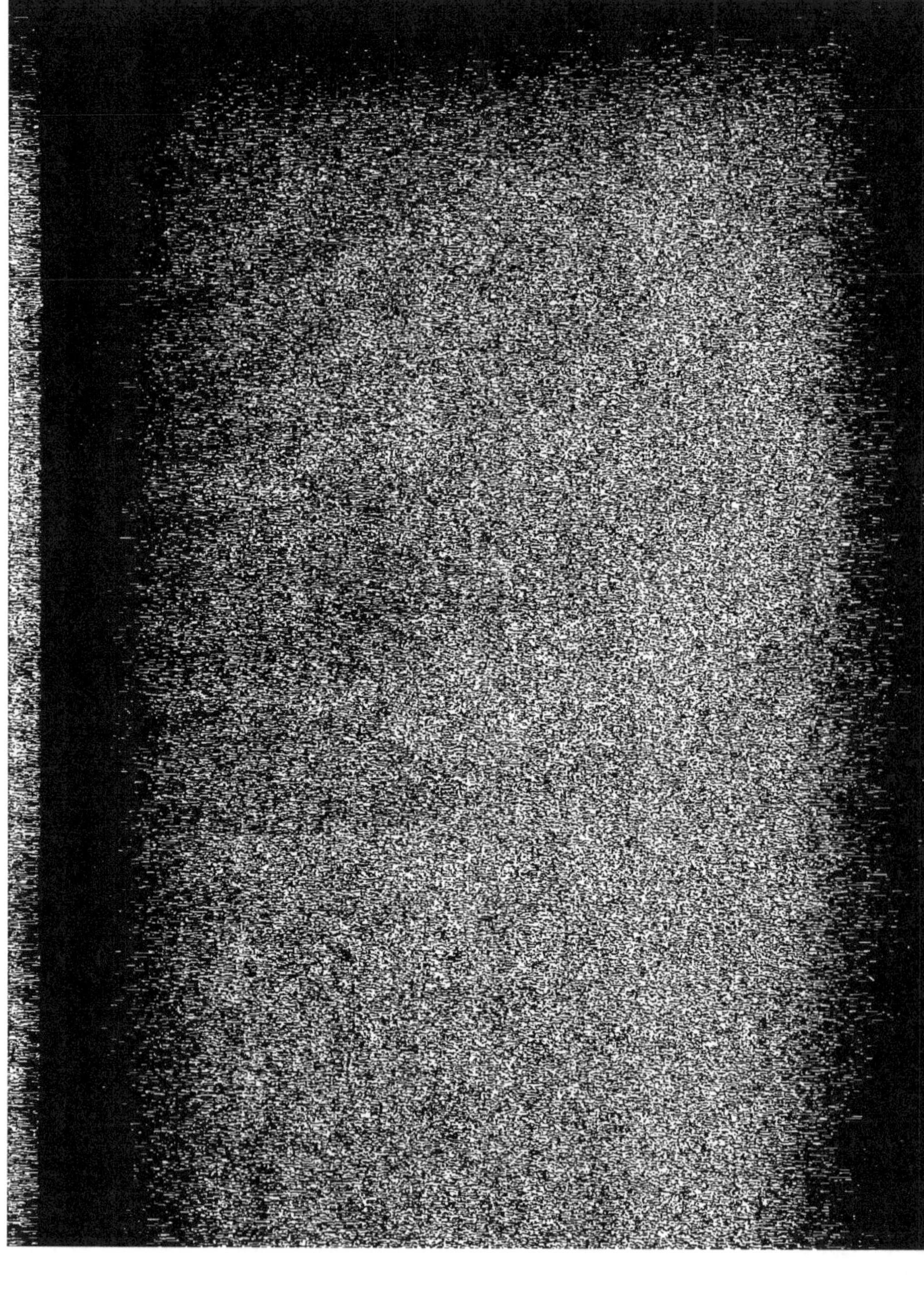